Sérgio Simka (Coordenação)
F. C. Gonçalves

Ciência
NÃO É UM BICHO-DE-SETE-CABEÇAS

EDITORA
CIÊNCIA MODERNA

Ciência não é um bicho-de-sete-cabeças

Editor: Paulo André P. Marques
Produção Editorial: Dilene Sandes Pessanha
Capa: Daniel Jara
Diagramação: Daniel Jara
Copidesque: Equipe Ciência Moderna

FICHA CATALOGRÁFICA

SIMKA, Sérgio (Coordenação); GONÇALVES, Flávio da Costa.

Ciência não é um bicho-de-sete-cabeças

Rio de Janeiro: Editora Ciência Moderna Ltda., 2023.

1. Ciência
I — Título

ISBN: 978-65-5842-266-270-9 CDD 500

Editora Ciência Moderna Ltda.
R. Alice Figueiredo, 46 – Riachuelo
Rio de Janeiro, RJ – Brasil CEP: 20.950-150
Tel: (21) 2201-6662/ Fax: (21) 2201-6896
E-MAIL: LCM@LCM.COM.BR
WWW.LCM.COM.BR **06/23**

Para todos aqueles que enxergam no conhecimento científico uma nobre forma de compreender aquilo que nos falta.

"Eu sustento que a única finalidade da ciência está em aliviar a canseira da existência humana. E se os cientistas, intimados pela prepotência dos poderosos, acham que basta amontoar saber, por amor ao saber, a ciência pode ser transformada em coisa malfeita, e as suas novas máquinas serão novas aflições, nada mais." — Bertold Brecht, em "A vida de Galileu"

"DEIXAI O SABER SOBRE O SABER, Ó VÓS QUE ENTRAIS" — Bruno Latour

Agradecimentos

Livros nascem de caminhos impossíveis de serem imaginados. Com esta obra, não foi diferente: ele nasceu em decorrência de uma palestra ministrada por mim durante a 42ª Semana da Psicologia promovida na Universidade de Taubaté em 2021. Eu, ex-aluno da universidade, voltara dez anos depois de concluir a minha graduação em Física para ministrar uma palestra. Quem poderia imaginar? Nem eu. Logo depois, surgiu o carinhoso convite do professor Sérgio Simka — a quem novamente agradeço pelo convite — para que a palestra fosse revisada, complementada e transformada em livro. Nossos caminhos — os meus e os de Simka — se cruzaram graças a uma sequência de acasos que ainda me soam improváveis.

E desde então, tenho trabalhado nesta obra com a inestimável compreensão e colaboração de minha amada esposa, Bárbara, e de meu grande amigo Marcelo — a quem agradeço não apenas pelos apontamentos e correções, mas pela inspiração e amizade que são um verdadeiro presente em minha vida.

Agradeço também a toda a equipe da Editora Ciência Moderna pela oportunidade de ter minhas palavras publicadas em formato de livro.

Por fim, agradeço a todas as pessoas com as quais dividi meus pensamentos e teci diálogos sobre a ciência, o conhecimento científico e a nossa vida. Desde os colegas de trabalho aos amigos da pós-graduação na Escola de Engenharia de Lorena, de meus alunos aos desconhecidos: todos têm uma contribuição para chamar de sua nesta obra.

Sintam-se abraçados!

F. C. Gonçalves

Sumário

Introdução

Há muito tempo a humanidade lida com a busca pelo conhecimento. A necessidade de compreender o mundo que nos cerca, os detalhes de cada ação, as motivações, os porquês: a busca humana é, em si, uma busca por respostas. E dentre as várias formas de busca pelo conhecimento desenvolvidas pela humanidade, uma delas tem um caráter especial: trata-se do conhecimento científico — a ciência —, um conhecimento por vezes indissociável de nossa vida cotidiana e, ao mesmo tempo, ainda fonte de desconhecimento (e, talvez por isso, por desconfiança) para muitos.

Afinal, o conhecimento científico possui meandros e relações extensas e complexas que definem e delimitam a sua atuação como objetivo e prática. Contudo, apesar de extensas, essas relações parecem passar longe do que se concebe por ciência e pelo próprio fazer científico. O resultado disso, em primeira medida, é a ciência percebida apenas por utilidade: o desenvolvimento tecnológico e a resolução de problemas seriam a medida do valor da ciência. Mas essa é uma visão muito limitada do que é o conhecimento científico e que ignora que nem sempre a ciência se desenvolve para trazer aplicações práticas, concretas para o mundo e as suas expectativas. Em última medida, conceber a ciência apenas por seu "resultado" tecnológico é abrir as portas para práticas danosas, como a ciência picareta e a ciência ruim, cujos interesses atendem poucos grupos, quase sempre por motivos econômicos. Além disso, não é incomum que os conhecimentos científicos levem anos até que alguma aplicação tecnológica derive dele (e que essa tecnologia se popularize e seja acessível para a sociedade). É ilusório pensar que a ciência se aplica apenas ao que é solucionável. Na verdade, ela se parece mais com uma coleção de pequenas respostas, que, juntas, dão uma nova dimensão e novos caminhos para explicar e explorar[1] o mundo que nos cerca.

O que este pequeno livro se propõe é abrir os caminhos para que a ciência seja compreendida como um campo de conhecimento desenvolvido a partir de relações sociais e culturais próprias que se objetivam, ao menos em primeira medida, em tentar estabelecer a maior proximidade possível da verdade e a correção a respeito das explicações que levanta sobre o que é estudado — sejam planetas, vegetais, moléculas, comportamentos humanos ou relações sociais. Isto é, discutiremos como as pequenas respostas que me referi acima são encontradas e compartilhadas até que nós possamos conhecê-

[1] Não necessariamente, a exploração econômica ou social dos conhecimentos, mas sim, de sentir, de viver e de questionar o que desconhecemos sobre o mundo e o universo em que vivemos.

-las, aplicá-las, discuti-las. É um livro concebido para que a sua leitura seja o ponto de partida para que o público fora da academia ou sem a formação em ciência — na concepção de corpo de conhecimento e não aquela definição usualmente associada à formação em áreas das ciências da natureza — para auxiliar na compreensão do trabalho científico.

Para isso, proponho seis itens para a discussão. No capítulo 1, discuto como se evoluiu não apenas a definição de ciência, mas também como a busca por um conhecimento metodológico foi se refinando ao longo da história. Esse item é importante para podermos prosseguir em nossas discussões: afinal, como podemos delimitar o que é ou não é científico, por exemplo?

Depois de discutirmos as ideias centrais para a formulação do conhecimento científico, falaremos, no capítulo 2, sobre a formação dos cientistas no Brasil, desde as suas possibilidades até as formas pelas quais o seu trabalho é realizado. Veremos que a pesquisa científica tem um papel fundamental na formação humana, que, por diversos motivos, é negligenciada ou transformada em uma vilã desassociada — vejam só! — da própria ciência.

Nos capítulos 3 e 4, discutiremos como o conhecimento científico é referendado junto aos seus pares, isto é, outros cientistas e como ele chega até nós, fora do ambiente acadêmico. Veremos que essa é uma tarefa de construção social de conhecimentos e de argumentos para que a melhor explicação possível seja obtida. E não é uma tarefa simples promover os argumentos e tampouco trazê-los para a sociedade, como veremos ao longo destes dois capítulos.

Antes de finalizar as discussões, trago o capítulo 5, em que apresento formas de qualquer pessoa acompanhar não apenas o trabalho de cientistas, mas também as discussões realizadas sobre tópicos de interesse geral (geralmente, aqueles que aparecem nos *trending topics* ou que geram comoção por algum motivo) e até interagir diretamente com alguns deles. Particularmente, acho esse capítulo útil para combater (i) a ideia de que cientistas devem ficar isolados e (ii) aproximar os conhecimentos desenvolvidos por cientistas brasileiros e quase não recebem a exposição devida.

Por fim, o último item da discussão traz um apanhado geral e indicações de caminhos e de leituras para aqueles que desejarem se aprofundar no tema.

Espero que este livro seja um bom guia inicial para quem deseja compreender o que é e como é feito o trabalho científico. Muito longe de se resumir a observações em laboratório, o trabalho científico é essencial para compreendermos o mundo em que vivemos, mesmo que você nunca tenha desejado ser cientista.

Capítulo 1

Como podemos (tentar) definir o que é ciência?

Eu nasci em 1987 e passei boa parte de minha vida em uma cidade turística do interior do estado de São Paulo. Campos do Jordão é mundialmente conhecida pelo seu festival de inverno de música clássica, pelo seu clima favorecido pela localização geográfica e de grande altitude para os padrões brasileiros: 1.690 metros em relação ao nível do mar em sua sede, além de possuir paisagens que divide com outros municípios vizinhos. Mas o primeiro momento de fama da cidade não veio de suas belezas naturais, mas sim, da necessidade de cura: durante décadas, o município era conhecido por, supostamente, possuir propriedades terapêuticas que auxiliavam no tratamento do "mal dos séculos[1]", a tuberculose. O clima e o ar puro da região eram considerados fundamentais para que os doentes pudessem se recuperar completamente da doença.

O número de pacientes era tão alto que a construção

[1] O título de "mal do século" surgiu durante o romantismo e tem a sua razão de ser: as estimativas mais conservadoras apontam que mais de um bilhão de pessoas tenham morrido em decorrência da doença desde o século XVIII.

de uma estrada de ferro, a EFCJ, foi viabilizada para transportar os doentes até os sanatórios e casas de repouso onde recebiam os cuidados. A confirmação dos casos vinha com exames nada parecidos com o que atualmente se pratica na medicina contemporânea: desde a retirada da amostra do pulmão, via nasal, do paciente suspeito de infecção até a análise observacional de sua evolução clínica, o que em outras palavras, soa mais ou menos como um "vamos te observar até ver o que acontece com você".

Apesar do agente causador da doença ter sido efetivamente detectado em 1882 pelo alemão Heinrich Hermann Robert Koch[2], demoramos muito tempo para que os medicamentos fossem desenvolvidos e os casos de morte pela doença começassem a cair. Quase quarenta anos depois da descoberta do bacilo de Koch, a humanidade conseguiu desenvolver a primeira vacina contra a tuberculose graças ao trabalho de dois médicos franceses, Léon Calmette e Alphonse Guérin. Calmette e Guérin utilizaram uma versão enfraquecida da bactéria causadora da tuberculose bovina — o bacilo de Calmette e Guérin — para desenvolver o imunizante que é conhecido como BCG.

---

[2] Koch, a respeito de sua descoberta, afirmara: "em função das minhas inúmeras observações, considero provado que em todos os casos de tuberculose, em pessoas e animais, é encontrado o que chamei de bacilo da tuberculose". Este bacilo, o *Mycobacterium tuberculosis* é conhecido como "bacilo de Koch", em homenagem ao cientista alemão que o identificou pela primeira vez.

Em um mundo muito menos globalizado do que o atual, as vacinas demoraram muito mais tempo para chegar à população e finalmente reduzir a enorme quantidade de mortes provocadas pela tuberculose. Além disso, a quantidade de pessoas doentes ultrapassava a casa das dezenas de milhares e, no que se refere a Campos do Jordão, era urgente conseguir desenvolver mecanismos para ajudar os pacientes a se recuperar. O ar puro tinha a sua modesta contribuição, mas era preciso mais. Os medicamentos antibióticos estavam em desenvolvimento e um dos marcos no desenvolvimento deste tipo de fármaco foi a descoberta da penicilina, por Alexander Flemming, em 1929[3]. Se a penicilina foi uma arma de grande efetividade contra as infecções por bactérias, curiosamente, ela era ineficaz no combate ao bacilo de Koch[4]. Irônico observar com o olhar atual que, durante a pandemia de covid-19, muitas autoridades tentaram forçar o tratamento com medicamentos sabidamente ineficazes, embora estes já fossem utilizados com sucesso para outros fins. O que diríamos se soubéssemos que a penicilina foi indicada a toque de caixa para tratar a tuberculose sabendo que ela é ineficaz para o tratamento da

---

[3] Você pode conferir o artigo científico no qual a descoberta de Flemming foi relatada no *link*: https://link.ccult.org/KAGSmeMV

[4] Para mais detalhes sobre os fármacos utilizados no tratamento da tuberculose, leia o artigo "Fármacos no combate à tuberculose: passado, presente e futuro" (SOUZA, VASCONCELOS, 2005). Disponível em: https://doi.org/10.1590/S0100-40422005000400022.

doença? Provavelmente teríamos uma reação de incredulidade que logo se transformaria em revolta, não é?

Quase quinze anos após a descoberta de Flemming, a humanidade finalmente chegara ao primeiro medicamento com boa efetividade no tratamento da tuberculose. A estreptomicina, também sintetizada a partir de uma bactéria (a *Streptomyces griseus*), veio ao mundo em 1944 graças ao trabalho do bioquímico ucraniano Selman Waksman. Desde então, outros medicamentos foram desenvolvidos no combate à doença que, mesmo com antibióticos e vacina, ainda atinge cerca de nove milhões de pessoas todos os anos em todo o planeta.

Embora ainda atinja um número considerável de vidas (e ainda que atingisse apenas uma pessoa, seria uma obrigação da ciência buscar os melhores tratamentos possíveis para sanar o problema), o fato é que a tuberculose deixou de ser um problema que atingia a população em número suficiente para que ela necessitasse buscar refúgio em cidades específicas para o seu tratamento. Campos do Jordão, assim como outras cidades da região, teve que reinventar a sua história[5] e a sua economia para sobreviver: hoje o motor econômico do município é o turismo.

---

[5] Existem pouquíssimas referências públicas sobre o período histórico relacionado com a tuberculose em Campos do Jordão. O único museu dedicado ao tema foi fechado e o seu acervo hoje encontra-se sob guarda da Universidade de São Paulo, embora existam tratativas para que parte do acervo retorne para a cidade em um novo museu a ser construído em um dos antigos sanatórios do município.

Perceba que esse brevíssimo resumo histórico sobre a tuberculose e Campos do Jordão nos aproxima de uma questão central que este pequeno livro busca abordar: como saímos de percepções "comuns", como a associação entre o clima e o ar puro de um lugar e a sua efetividade para o tratamento de uma grave doença respiratória, e chegamos ao que nomeamos de "conhecimento científico", aquele conhecimento que é buscado, verificado e referendado por cientistas em todo o mundo? E mais: os conhecimentos científicos e as suas eventuais aplicações tecnológicas são realmente neutras, isto é, não provocarão por si mesmas qualquer alteração nos mecanismos sociais após a sua chegada ou implementação?

Definitivamente, não são questões com respostas triviais, fáceis de serem deduzidas. Livros e mais livros podem ser escritos a respeito do tema e que não encerrarão em si mesmos a passagem entre o conhecimento popular e o conhecimento científico ou a pretensa neutralidade que o conhecimento científico (e os cientistas, por extensão) possui. O que tentarei ao longo deste capítulo — e de todo o livro, obviamente — é oferecer pontos para que a compreensão desse e de outros temas relacionados com o conhecimento científico possam ser discutidos e aprofundados em outras oportunidades. Afinal, uma das premissas importantes sobre a ciência — e que poucos se dão conta — é que ela não é um conhecimento encerrado, pronto e fechado como uma verdade única e universal. Ao contrário: o conhecimento científico é, em suma, uma eterna busca por respostas às questões formuladas por cientistas sob as mais diversas condições: desde observações em laboratórios até a sua imaginação[6] sobre o mundo.

O próprio termo "cientista" é algo relativamente novo em perspectiva histórica. Sua proposição veio ao mundo na década de 1830 pelo polímata inglês William Whewell. Curiosamente, ele o criou para descrever as habilidades nos mais diversos campos da Física, Química e Biologia, entre outras ciências, que a escocesa Mary Somerville detinha. O termo até então utilizado era "homem de ciência" e, claro, se mostrou completamente inadequado, em diversos sentidos[7]. Durante séculos, coube aos "filósofos naturais" tentar explicar os fenômenos naturais e outras questões sobre o mundo que nos cerca. Experimentos ou até mesmo o uso de ferramentas matemáticas para prever e simular os fenômenos em estudo só ganharam espaço a partir dos trabalhos de Galileu Galilei (veremos mais detalhes sobre isso no capítulo 3 deste livro). Mas a noção em si de como definir esse corpo de conhecimentos que hoje entendemos como ciência teve que esperar um pouco mais, como veremos a seguir.

[6] Foi imaginar como seria o mundo se nos movêssemos com a velocidade da luz que fez Einstein propor o seu trabalho sobre a teoria da relatividade.

[7] Um detalhe interessante sobre a vida de Mary Somerville é que ela foi tutora de matemática de Ada Lovelace, a primeira pessoa a criar um algoritmo para computador. Junto de Charles Babbage, Ada revolucionou o mundo e, indiretamente, permitiu que hoje tivéssemos computadores, smartphones, e-readers etc.

Eu imagino que você já tenha jogado, alguma vez em sua vida, um emocionante jogo de cartas chamado "Uno". Com regras simples, o jogo cria emoções nem sempre positivas em seus participantes (afinal, um +4 em determinado momento do jogo pode ser uma declaração formal de guerra). Contudo, o que considero interessantíssimo sobre o "Uno" é que, apesar das regras oficiais, regras "extraoficiais" ganham espaço e modo como se joga Uno pode variar em virtude dos acordos, isto é, dos consensos que se estabelecem como aceito ou não durante o jogo.

Podemos traçar o mesmo paralelo com relação ao conhecimento científico. A sua definição, isto é, a ideia, o conceito de o que é ou não científico não é uma imposição do universo. É uma escolha feita a partir de consensos, regras, estruturas e contratos sociais firmados entre os cientistas, de modo que essas regras também podem se modificar ao longo da história.

As primeiras tentativas de definir o conhecimento científico como corpo de conhecimento apareceram durante a Grécia Antiga. Platão (428-374 a.C.), fundador da academia grega e um dos maiores filósofos ocidentais da história, já discutia a ideia de conhecimento a partir dos termos "doxa" e "episteme" no campo das ideias[8]. Enquanto à doxa é atribuída

[8] Sobre o tema, recomenda-se a leitura do texto "Sobre a episteme e as teorias do conhecimento" (LIMA, 2018), disponível em: https://educacaopublica.cecierj.edu.br/artigos/18/5/sobre-a-episteme-e-as-teorias-do-conhecimento.

com o sentido próximo ao que hoje atribuímos à opinião, a episteme é construída com métodos e ideias solidamente postas (talvez a melhor analogia que diferencie os dois termos seja aquela que atribua à doxa como a casa de palha, enquanto a episteme seja a casa de alvenaria na história dos três porquinhos). Ou seja, a episteme é, em última medida, o tipo de conhecimento sobre o mundo que seria sólido, muito bem fundamentado a partir de sua construção na contemplação do mundo (a contemplação aqui funciona no sentido grego, de teoria sem a pretensão de modificar a realidade).

Se você reconheceu alguma similaridade da episteme com o termo epistemologia, saiba que está correto: é desta noção de conhecimento que nasce a epistemologia (episteme = conhecimento; logos = estudo), uma linha ou ramo da filosofia que estuda o conhecimento, as suas estruturas e limitações.

Embora a noção de episteme tenha surgido séculos antes de Cristo e ideias como empirismo já fossem discutidas (especialmente por Platão), a concepção de ciência como conhecemos atualmente começou efetivamente a aparecer durante o renascimento europeu, especialmente no século XVI, com a proposição do ideal racionalista (ou racionalismo) pelo filósofo francês René Descartes, um marco na filosofia da ciência. Apesar de reconhecer que os sentimentos e as sensações guiam o nosso pensamento, Descartes defendia que cada ser humano era capaz de construir o seu pensamento sem recorrer ao que seus sentidos atribuíam, isto é, tentando obter a maior aproximação da verdade superando os possíveis (e quase inevitáveis) enganos que os sentidos poderiam causar. O conhecimento verdadeiro, portanto, seria uma *superação* dos sentidos para que uma dedução fosse efetivamente válida. A dedução é uma ferramenta lógica proposta, vejam só, na Grécia Antiga e que é um processo de raciocínio lógico que parte de uma ou de várias proposições verdadeiras para chegar a uma conclusão também verdadeira. O famoso exemplo "todo ser humano é mortal" é claro nesse sentido: partindo da premissa de mortalidade de todo ser humano e admitindo com certo grau de certeza de que eu também pertença à espécie humana, posso concluir que eu seja mortal.

Contudo — e essa é uma distinção importante a ser mencionada — o racionalismo proposto por Descartes carrega em si uma legitimação que a difere do racionalismo grego: a intuição[9] intelectual, que vem antes a lógica pensante e torna verdadeiras proposições baseadas neste tipo de intuição. O que torna uma verdade a noção de que a menor distância entre dois pontos é uma reta na geometria euclidiana é o fato de a intuição intelectual sobre o assunto validá-la. Outro aspecto importante da filosofia de Descartes diante do conhecimento é o papel da dúvida: a partir do momen-

[9] Em sentido filosófico, o termo "intuição" pode ser descrito como "conhecimento imediato".

to em que tudo pode ser duvidoso (afinal, meus sentidos podem trazer percepções errôneas sobre o mundo), como seria possível sustentar o conhecimento científico? Para o filósofo francês, a dúvida era o momento, mesmo inicial, de acesso à verdade. Responder à dúvida era colocar o método, isto é, um caminho para que a verdade fosse conhecida. Em linhas gerais, o método de Descartes se espelhava nos métodos de validação do conhecimento matemático (para o filósofo, as verdades matemáticas eram absolutas e espontâneas, o que o tornava ideal para ser aplicado a todas as ciências). O caminho metodológico de Descartes é discutido em sua obra "Discurso do Método", disponível gratuitamente em domínio público.

O ideal de método único e estritamente racional (na concepção cartesiana) talvez tenha sido o grande ponto de partida para a chegada que culmina a concepção de cientista como um ser absolutamente racional e desprovido de sentimentos e de motivações estritamente pessoais que, de certa forma, se mantém até hoje (falaremos mais sobre isso no capítulo 2 deste livro).

Na mesma época, outras concepções para um cientista e para a prática de ciência que vêm desta época reaparecem. O empirismo, aqui defendido por nomes como Dave Hume, Francis Bacon e John Locke, já fora discutido por Platão e outros filósofos. O empirismo argumenta que a melhor prática para se obter o conhecimento científico mais próximo da verdade é aquela realizada sob o maior número possível de experiências ou observações, grande o suficiente que permita induzir a realidade a partir dela. Ou seja, o grande método proposto no empirismo, em contraposição ao racionalismo cartesiano, é que o sentido, a observação, a sensação sobre o mundo é o que permite que eu faça conclusões gerais a partir de experiências (ou de fenômenos) individuais. Ao longo de sua vida, o Sol nasceu todos os dias; é indutivo, portanto, pensar que ele nascerá amanhã, e depois, e depois. Mas o que garante que o Sol, de fato, nascerá amanhã tendo por base apenas as minhas observações diárias ao longo dos anos? Ou qual seria a quantidade de observações (ou de experimentações) suficientes para que eu possa ter a concreta certeza a respeito do futuro? Estas são algumas das questões que o indutivismo têm, cujas discussões persistem ainda hoje dentro da epistemologia da ciência.

Perceba que até aqui tivemos duas linhas que, de certo modo, eram opostas: o racionalismo de Descartes, que defendia a razão como superação dos sentidos (o ser humano como sujeito pensante) com base na intuição intelectual e no uso de métodos gerais para a obtenção do conhecimento científico, enquanto o empirismo defendia justamente que o conhecimento sobre o mundo só seria possível seguindo uma série de observações para que a realidade geral pudesse ser descrita a partir de fenômenos individuais. Contrariamente ao empirismo que adotava o indutivismo (da ideia particular se obtém a ideia geral), o racionalismo defende a ideia de que premissas verdadeiras nem sempre levam a conclusões verdadeiras, por isso, toda verdade particular nasce de uma verdade universal.

Aqui nasceram as bases da ciência moderna e contemporânea. Em linhas gerais, o avanço de técnicas e de campos de estudo científicos fez com que outras propostas que definiam a ciência e suas características surgissem. Um exemplo clássico é o surgimento do chamado "determinismo científico", uma derivação da ideia do determinismo[10] que ganhava campo dentro da ciência (e da sociedade como um todo). Enquanto a corrente determinista defendia, por exemplo, a possibilidade da determinação da relação entre o movimento de cada partícula no universo e a consequência dessas relações (o que, em certa medida, transformaria o livre-arbítrio em uma ilusão), o determinismo científico trazia a noção de que as mesmas causas produziam as mesmas consequências, e por isso, se conseguíssemos estabelecer uma regra geral para a prática científica, ela se uniformizaria e traria os mesmos resultados, permitindo comparações diretas e independentes. É aqui que surgem as famosas "etapas do método científico", que foram propostas pelo médico francês Claude Bernard e que podem ser resumidas em: observação; hipótese; experiência; resultado; interpretação; conclusão.

[10] O determinismo defende, em linhas gerais, que todos os fenômenos estão unidos por ligações de causalidade, isto é, tudo seria consequência de interações, fenômenos, acontecimentos etc.

Com essa proposta de uniformização do conhecimento científico, surge a proposta do que é conhecido como "positivismo", proposto por Augusto Comte. O ideal positivista defende que a verdade científica é a única verdade possível e que só é possível obtê-la a partir do método praticado pela ciência. Uma consequência prática dessa ideia é que muitas áreas do conhecimento, como a História, a Geografia, a Antropologia e muitas outras, não poderiam ser consideradas como corpos de ciências, uma vez que não poderiam se valer de métodos estritamente definidos na obtenção de seus conhecimentos.

Não é preciso muito aprofundamento para perceber o quanto essa ideia de ciência como resultado ou prática de um método ainda está enraizada em todos nós. Embora a discussão sobre o trabalho dos cientistas seja apresentada no próximo capítulo, é possível adiantar que essa ideia de ciência apenas como prática de métodos definidos, estritos, quase como receitas de bolo, cujo resultado é o conhecimento único e verdadeiro, não confere com a própria realidade. Se existe uma coisa que é provisória e mutável é o próprio conhecimento científico!

O interessante é a ideia de um determinismo científico que começa a cair por terra justamente por conta da ciência. Com o avanço da física moderna e do caráter probabilístico de suas leis, é impossível cravar que qualquer conhecimento seja definitivo. Nem mesmo ele foi observado milhares e milhares de vezes ao longo da história.

Lembra-se do indutivismo que discuti no decorrer deste capítulo? Pois bem, vamos retomar alguns de seus problemas: qual é o número seguro de observações que possa garantir que aquilo que vi realmente corresponde a uma realidade imutável dos fatos? O que pode, de fato, garantir que o Sol vai nascer amanhã?

A resposta, por mais dura que possa parecer, é: nada. Karl Popper, filósofo austríaco também famoso pela proposta de solução do "paradoxo da tolerância", embasando-se nas discussões a respeito do problema do indutivismo (a recordar: qual o número de observações que poderia ser considerada "segura" para determinar a validade de determinada proposição sobre a realidade? O que garante que o mesmo fenômeno vai se repetir periodicamente?), reafirma que qualquer definição de verdade que seja cravada será referente ao que aconteceu, nunca ao que vai acontecer, tornando, como consequência, toda e qualquer verdade científica provisória e aberta a modificações justamente pela impossibilidade de se determinar corretamente o que acontecerá.

Essa é uma mudança importantíssima dentro do contexto da ciência — e fora dele também. Se todo conhecimento científico não reflete a verdade definitiva e não podemos concluir o que acontecerá, conseguimos, ao menos, saber *o que não* aconteceu. Em linhas gerais, levando-se em conta a demarcação popperiana, buscamos verificar o que é falso, errado sob a perspectiva lógica e científica. Basta apenas uma evidência de que determinada premissa é errada para que eu passe a descartá-la ou corrigi-la ou, ao menos, apontar a sua limitação em busca de outra explicação que seja mais abrangente e não se mostre falsa.

Note novamente que a ideia de falso remete ao contexto de lógica, com um sentido muito próximo ao de erro. O interessante é que esta demarcação foi uma gigante contribuição de Popper para a ciência do século XX: além de reafirmar o caráter provisório do conhecimento científico, o filósofo austríaco trouxe a ideia de que conhecimentos científicos devem ser falseáveis, isto é, passíveis de serem verificados quanto a sua falsidade (erro). Se o erro não fosse demonstrado, isso apenas evidenciaria que o conhecimento está *provisoriamente* correto sob o ponto de vista da falseabilidade. Desta forma, é um erro gritante falar em algo "cientificamente provado", como se determinado conhecimento científico passasse a ser incontestável ou assumisse o caráter de verdade absoluta. Saber que as verdades na ciência são provisórias e que apenas não se mostraram erradas é uma ideia importante para evitar cair na armadilha de propagandas que defendem a ideia de que um produto ou serviço é à prova de falhas só porque passou por um ou mais testes (nem sempre transparentes quanto às práticas ou os seus resultados). No máximo, algo "cientificamente provado" é algo que pode ser aceito provisoriamente como correto (ou "não errado") até que alguém mostre onde, de fato, está o erro ou incompletude.

Outra demarcação importante surge com Popper: qualquer conhecimento pode receber o *status* de científico se puder passar pela falseabilidade, isto é, se for possível verificar se está ou não incorreto. Se este teste não for possível ou as condições de sua realização forem sendo deturpadas para que os resultados possam ser constantemente explicados mesmo que difiram do que a explicação prevê, então, estamos diante de um corpo de conhecimento conhecido como pseudociência (ou ciência falsa). As pseudociências[11], como astrologia, design inteligente, homeopatia, magnetoterapia, ufologia, entre outras, de acordo com o referencial obtido em Popper, utilizam alguns métodos que a fazem parecer como uma ciência, mas diferem por seus corpos de conhecimentos não passarem pela falseabilidade.

Por fim, as constantes mudanças nos conhecimentos científicos e tecnológicos ocorridas após a Segunda Guerra Mundial trouxeram disputas importantes na área de filosofia da ciência. Essas disputas originaram a chamada "Science Wars". Thomas Khun, Imre Lakatos e Paul Feyerabend são

---

[11] Além de Popper, existem outras definições e demarcações propostas para as pseudociências, como as propostas pelo argentino Mario Bunge.

nomes expoentes dentro do contexto da discussão sobre o que é ou não demarcável como conhecimento científico e a sua aproximação com a verdade.

O trabalho do filósofo norte-americano Paul Feyerabend é um ícone dentro das discussões sobre a ciência e a suas práticas. Conhecido por promover o chamado "anarquismo epistemológico", Feyerabend defendia que o conhecimento científico não se desenvolvia em um único método (contrariando o ideal positivista de Comte e a noção de método trazida pelo racionalismo de Descartes que vimos no começo deste capítulo) e tampouco poderia (ou deveria) recorrer à prática experimental para a verificação de posições incorretas, como Popper defendeu. Aliás, para Feyerabend, não há distinção concreta entre o conhecimento científico e outros corpos de conhecimentos, devendo o cientista ser capaz de argumentar e embasar os seus argumentos na defesa de um ponto de vista ou de uma teoria.

Fazer ciência, como você deve ter percebido, não leva em conta apenas a realização de experimentos. É preciso, antes de tudo, decidir como vamos definir um corpo de conhecimentos e como vamos validá-lo para que ele seja aceito (ou não) dentro dos contextos da ciência. Esse é um trabalho que cientistas realizam o tempo todo, ainda que não percebam.

Capítulo 2

Práticas de ciência

Como ponto de partida, vamos a um breve exercício mental: pense em um cientista. Imagine as suas características, a sua personalidade, o seu local de trabalho, suas vestes e posturas diante dos problemas do mundo. Se preferir, pare a leitura por um tempo e retome assim que terminar o seu exercício.

Agora que você fez esse exercício mental, é interessante que você saiba que ele não é algo desconexo. Muito pelo contrário: esta é uma das formas de se verificar qual o nível de representatividade que certos grupos sociais têm em certos contextos, como, por exemplo, a representatividade de mulheres ou de pessoas negras na ciência. Uma pesquisa com alunos de escolas dos Estados Unidos, divulgada em 2018[1], em revisão aos dados coletados desde 1970, verificou um aumento significativo de mulheres sendo retratadas como cientistas: de 1 em cada cem, nos anos 1970, para vinte e oito a cada cem alunos pesquisados. Ainda que a representação social de mu-

[1] Você pode ler mais sobre a pesquisa e a questão dos estereótipos na ciência neste *link*: https://link.ccult.org/a2374is.

lheres como cientistas tenha aumentado, ainda há um longo caminho a seguir. Afinal, mais de 90% dos Prêmios Nobel concebidos desde a sua criação foram para cientistas homens. Assim como na sociedade, a igualdade de gênero na ciência ainda é uma questão que necessita de muitas ações para que efetivamente aconteça.

Por isso, se você imaginou um cientista homem, cis, branco, em um laboratório com um jaleco num branco impecável, solitário e que pouco interage socialmente, você não está sozinho ou sozinha. Este ainda é um estereótipo muito comum quando descrevemos cientistas e pesquisadores. Além disso, não é incomum associar o cientista a alguém cuja formação se dá nas ciências da natureza, que reúne áreas como Física, Química e Engenharia.

Entretanto, um cientista não é alguém formado em uma determinada área do conhecimento, especialmente das ciências da natureza. Em definição, cientista é alguém que realiza pesquisas científicas, isto é, que realiza pesquisas cujos métodos e práticas sejam aceitos dentro da comunidade científica, em qualquer área do conhecimento, visando à busca, validação, correção ou melhor compreensão de um determinado tema, sendo remunerado ou não por esta tarefa. Perceba que não se trata de fazer pesquisas utilizando um laboratório, um tubo de ensaio ou ficar observando um fenômeno natural: a ideia é aplicar métodos que estejam demarcados dentro dos critérios que a comunidade científica adota como característicos da ciência, como vimos no capítulo 1. É importante fazer esse apontamento, justamente pela visão incorreta que o trabalho científico é uma etapa puramente observacional. Desta forma, um historiador é tão cientista quanto um geólogo ou um físico de materiais ou um antropólogo. As diferenças essenciais residem nos objetos de estudo e nos métodos que cada área emprega.

Cientistas começam a sua formação formal nos cursos de ensino superior[2]. No Brasil, temos essencialmente três possibilidades de formação[3]: a licenciatura, voltada à atuação no ensino básico e à pesquisa científica, o bacharelado, voltado quase exclusivamente para a pesquisa científica e os cursos de formação rápida, como os tecnólogos, voltados à atuação no mercado de trabalho em algumas áreas específicas, como a área de TI. Durante a graduação, independentemente do tipo de formação — bacharelado, licenciatura ou tecnólogo — há

---

[2] Existem iniciativas de aproximação do conhecimento científico para crianças e adolescentes, com algumas atividades de iniciação científica. Contudo, estas ainda são iniciativas pontuais dentro do contexto do ensino de ciências no ensino básico e não necessariamente tornam o aluno (ou participante da pesquisa) com a formação teórica e prática necessária para o exercício da pesquisa científica.

[3] É importante destacar que licenciados podem realizar pesquisas científicas e bacharéis podem lecionar dentro de suas áreas de formação, a depender, claro, do atendimento aos critérios estabelecidos dentro das legislações e regras de cada área. Cursos de licenciatura, especialmente nas áreas de ciências da natureza, têm sofrido com a baixa procura, que resulta, entre outras coisas, no menor número de profissionais formados na área de ensino.

a oportunidade dos primeiros contatos com as atividades de pesquisa científica na área em que o aluno está inserido.

Uma delas é a "iniciação científica" ou "IC", que permite a participação em grupos de pesquisa, elaboração de artigos e participação em atividades acadêmicas que envolvem cientistas, como encontros, simpósios, congressos, entre outros. Geralmente acompanhada de uma bolsa de estudos, a IC tem um papel importantíssimo na formação dos estudantes universitários, embora a prática não esteja disponível para todos eles[4].

A outra, velha conhecida dos estudantes, são os trabalhos de final de curso. Com diferentes terminologias, os trabalhos de conclusão de curso são uma espécie de avaliação à parte das avaliações aplicadas ao longo do curso. O objetivo aqui não é avaliar apenas o conhecimento que o aluno possui, mas também avaliar a sua capacidade de pesquisa e de inovação a respeito de um ou mais temas relacionados com o seu curso. Em outras palavras, um "TCC" é uma forma de se verificar como foi a formação científica do aluno dentro de sua área de formação.

Um dos problemas — apontado por Demo (2014)[5]

---

[4] As razões aqui passam pela dificuldade em conciliar horários da vida pessoal e profissional do estudante com a atividade de pesquisa até a ausência de condições financeiras das instituições de ensino superior manter a iniciação científica dos estudantes.

[5] DEMO, Pedro. **Educação e alfabetização científica**. São Paulo: Papirus, 2014.

— é que o TCC não é visto desta forma. Ao contrário do que deveria ser, o Trabalho de Conclusão de Curso ainda é visto como uma tarefa secundária justamente por não ser percebida como, talvez, uma das partes mais importantes da formação superior: a pesquisa que é desenvolvida em consonância com o próprio aprendizado do aluno durante o curso, associando, descobrindo e inovando em temas que fazem parte de sua formação. Ou seja, a elaboração desta pesquisa não deveria ser papel dos últimos meses de curso, mas sim, distribuída ao longo de cada semestre letivo. Essa é uma mudança de perspectiva importante sobre a formação e a própria atividade acadêmica no ensino superior: a pesquisa deveria, ao menos em tese, ser parte realmente integrada e não uma atividade secundária, quase descontextualizada da formação dos alunos. Nem mesmo disciplinas como "metodologia do trabalho científico" deveriam, em tese, ser reduzidas a práticas semestrais com âmbito restrito à formatação em normas de padronização de trabalhos acadêmicos. Definir o que se entende como ciência é importantíssimo para a prática de seus conhecimentos, sobretudo, em áreas nas quais o conhecimento está sujeito a constantes modificações, seja pela evolução da ciência, seja pelas mudanças tecnológicas. Um médico que não domina completamente as especificidades de pesquisas e ensaios clínicos em medicina — como, por exemplo, os protocolos e interpretações de resultados de cada estudo com substâncias medicamentosas, que devem levar em conta, entre outras coisas, a pesquisa duplo-cego, grupos de controle e a minimização do efeito placebo — pode oferecer um considerável risco aos seus pacientes.

Formar para a pesquisa. Formar para o constante desenvolvimento do raciocínio crítico. O ensino superior, afinal, compreende a pesquisa (básica ou aplicada) dentro de seus objetivos. Contudo, é ainda muito comum que a produção de pesquisa científica — sobretudo no Brasil — se dê no âmbito da pós-graduação. Como pós-graduação entende-se as suas possibilidades de caminhos que possuímos após a conclusão de um curso superior: a formação para a especialização (ou *lato sensu*, que em tradução literal do latim significa "em sentido amplo"), que geralmente leva o aluno a aprofundar a sua formação em um determinado tema ou área, quase sempre seguindo quase as mesmas regras de uma graduação, mas em um tempo muito menor. Na prática, isso significa que os alunos de pós-graduação *lato sensu* (ou de especialização) cursam disciplinas e elaboram pesquisas relacionadas com o tema da formação do curso, que posteriormente podem (ou não)[6] ser avaliadas por uma banca de professores da instituição.

---

[6] Nem todos os cursos exigem uma pesquisa (em formato de trabalho de conclusão de curso ou de artigo científico) para que o aluno faça jus ao diploma. Esse é um tema polêmico dentro da academia, uma vez que a verificação social do conhecimento, isto é, a discussão entre os pares sobre uma pesquisa, acaba sendo excluída de uma etapa importante da formação dos alunos.

Mas a grande parte da pesquisa científica brasileira é realizada, de fato, na formação chamada de *stricto sensu* (do latim "em sentido estrito"), que engloba os cursos de mestrado (acadêmico e profissional) e os de doutorado. De acordo com o Ministério da Educação, com dados da CAPES[7], o Brasil tinha, em 2021, pouco mais de 122 mil estudantes de pós-graduação, dos quais cerca de 80 mil no mestrado (em uma proporção de 76 mil para o mestrado acadêmico e 4 mil para o mestrado profissional) e pouco mais de 41 mil alunos de doutorado.

Certo, mas e o que significa tudo isso? Bem, antes de pensarmos nos números, vamos pensar em definições e objetivos. Os cursos de mestrado objetivam aprofundar a formação em um determinado tema (lembre-se da ideia de "formação estrita" do termo *stricto sensu*), além de formar para a docência no ensino superior. A formação em um curso de mestrado pode compreender duas formas muito similares a práticas e validações, mas distintas em resultados: enquanto o mestrado acadêmico envolve cursar disciplinas, a realização de pesquisa acadêmica (em um nível de autonomia muito maior do que o das pesquisas realizadas em nível de graduação) e a defesa dos resultados obtidos, o mestrado profissional engloba tudo

---

[7] A CAPES, ou "Coordenação de Aperfeiçoamento de Pessoal de Nível Superior", é uma fundação vinculada ao MEC e é uma das principais responsáveis pela avaliação e pelo financiamento dos cursos e das pesquisas de pós-graduação em nível de mestrado e de doutorado no Brasil.

isso, mas cujo resultado, isto é, a pesquisa, em geral é aplicada e tem como ideia resolver ou apontar soluções (ou inovações) para uma situação específica do cotidiano — ao contrário do mestrado acadêmico, cujas pesquisas nem sempre necessitam ser aplicadas ou inovar em soluções para questões em qualquer área social ou econômica.

De qualquer forma, tanto um aluno formado em um curso de mestrado acadêmico quanto aquele formado no mestrado profissional fazem jus ao título de mestre, estando aptos, portanto, ao exercício da docência no ensino superior e à prática da pesquisa científica.

Já um curso de doutorado tem como principal objetivo a formação de um pesquisador, isto é, uma pessoa capaz de realizar pesquisas científicas na área de sua formação ou de pesquisa. A sua realização obedece, em grande parte, às mesmas premissas dos cursos discutidos anteriormente: além da formação intelectual, há o exercício da pesquisa e a sua defesa perante outros pesquisadores. A diferença aqui é que a pesquisa deve trazer um conhecimento considerado inédito dentro da área de conhecimento em que a pesquisa se dá. Imagine o grau de criatividade, de inovação e de conhecimento que uma pessoa deve possuir para conseguir, de forma independente e autônoma, produzir um conhecimento que possa ser considerado inédito! Não é uma das tarefas mais fáceis, não é mesmo? E por isso ela é tão essencial: conhecimento científico, além de ampliar a nossa visão sobre o mundo, pode trazer novas aplicações, que geram novos investimentos, que retornam para a população de diversas formas — desde a melhoria na qualidade de ensino sob uma forma geral até no desenvolvimento econômico e social.

Pessoas com mestrado são conhecidas no meio acadêmico como "mestres", enquanto aquelas com doutorado são comumente chamadas de "doutor". Este título acadêmico muitas vezes se confunde com o título social que é atribuído às autoridades policiais e judiciárias. Contudo, é importante lembrar: doutor é quem tem doutorado[8]. E este é um título acadêmico, não um salvo-conduto.

E antes de continuarmos a discutir a importância da pesquisa científica e os níveis de formação dentro das universidades, um adendo: você já deve ter ouvido falar no termo "PhD". Acrônimo do latim *philosophiae doctor*, é equivalente ao doutorado; o uso do termo PhD é comum em países de cultura anglófona, como os Estados Unidos e a Inglaterra. O título de PhD pode ser confundido com o "pós-doutorado", que não é uma formação acadêmica propriamente dita, e sim, uma certificação de continuidade de pesquisas em nível de doutorado — lembre-se de que o maior grau de formação acadêmica é o doutorado.

---

[8] Essa é uma polêmica que, apesar de sua aparência vazia, mostra muito de como nos enxergamos como sociedade. A pretensa superioridade do título de doutor fora do âmbito acadêmico se justifica nos decretos reais dos tempos da chegada da família real ao Brasil e se aplicava apenas a um contexto específico.

É importante que a pesquisa científica, em qualquer âmbito — da iniciação científica ao doutorado — seja incentivada não apenas com reconhecimento social, mas também com salários adequados. Alunos de pós-graduação que recebem bolsas de estudos têm contrapartidas importantes: além de um ótimo desempenho acadêmico, os bolsistas de pós-graduação necessitam ter dedicação exclusiva à pesquisa, isto é, não podem ter outro vínculo empregatício[9] nem fonte de renda registrada em seu nome. O que implica que o único ganho financeiro vem justamente do dinheiro que esses estudantes recebem todos os meses enquanto estão matriculados.

Os valores recebidos variam de nível onde se dá a pesquisa (se é na iniciação científica, mestrado ou doutorado, por exemplo) e de quem vai financiá-la: além de órgãos federais de fomento à pesquisa científica, como a CAPES e o CNPq, temos as entidades estaduais, como a FAPESP, em São Paulo, a FAPERJ e a FAPEMIG, no Rio de Janeiro e em Minas Gerais, respectivamente. As entidades estaduais costumam oferecer bolsas de custeio com valores maiores do que aquelas oferecidas pela União, contudo, têm um grau de exigência maior. E aqui entramos em um ponto importante: as pressões e problemas que a pós-graduação brasileira possui custam a saúde mental de milhares de pesquisadores. Até o momen-

[9] Algumas exceções pontuais na área de pesquisas educacionais são permitidas, mas que necessitam da anuência do programa de pós-graduação e do cumprimento das diversas obrigações que não são modificadas nestes casos.

to em que este livro é escrito, esses alunos de pós-graduação que recebem bolsa de estudos e, portanto, devem dedicar-se integralmente à sua pesquisa não têm direito a férias, 13º salário, contribuição previdenciária, FGTS, seguro-desemprego ou qualquer outro benefício que qualquer trabalhador formal possui. Mesmo sem direitos, alunos de pós-graduação devem cumprir prazos relativamente apertados e conviver com cortes repentinos de financiamento governamental e com a pressão por publicar as suas pesquisas em periódicos de grande prestígio dentro — e fora — da ciência (voltaremos a este tema da publicação acadêmica no próximo capítulo).

Publicar trabalhos científicos, seja na forma de artigos científicos ou de monografias mais extensas, é uma tarefa árdua, mas, ainda assim, necessária para que a ciência seja exercida com qualidade. Primeiro porque é desta forma que cientistas comunicam os resultados e as práticas de suas pesquisas; segundo, é uma forma muito efetiva de fazer o seu trabalho como cientista chegar até outras pessoas da mesma área que podem avaliar, reproduzir o que você fez e comparar os resultados obtidos[10] ou validar os novos conhecimentos e interpretações trazidos pelo cientista. Desta forma, tem-se uma espécie de jogo de "ganha-ganha": os erros são verificados por outros cientistas, o que, em tese, garante que eles sejam

[10] O que, não necessariamente, é o único objetivo de se publicar um trabalho científico, como veremos no próximo capítulo.

minimizados e, dependendo do caso, sejam corrigidos para que os resultados de uma pesquisa possam ser publicados (ou até mesmo ter a sua publicação negada), enquanto cientistas travam uma espécie de "disputa argumentativa" para defender seus trabalhos, o que, finalmente, traria uma melhor correção e uma maior aproximação da verdade.

Em suma, todo o trabalho de pesquisa de que um cientista participa passa por discussões teóricas com outros cientistas. Fazer ciência, portanto, é uma atividade extensamente social e que necessita da validação e dos consensos que cada área delimita (afinal, não há como esperar que os consensos atribuídos, por exemplo, na área de ciências exatas sejam os mesmos atribuídos em uma pesquisa relacionada com as ciências humanas). As delimitações estão especialmente relacionadas com o que se entende como "ciência" e são definidas a partir de consensos e inovações trazidas em cada área do conhecimento, como discutimos no capítulo 1.

Capítulo 3

Da pesquisa para o mundo: a comunicação entre cientistas

Seria absolutamente arrogante conceber o conhecimento científico como o único que pode nos ensinar alguma coisa sobre o mundo. A valorização do saber científico está justamente em sua incerteza e no autorreconhecimento de suas limitações — embora alguns defensores mais radicais do conhecimento científico o tratem como a verdade absoluta superior a todas as outras. Possuir verdades provisórias não torna, contudo, a ciência menos séria ou menos importante no cenário cotidiano. A sua constante corrida para aperfeiçoar os seus conhecimentos e os seus métodos, aliada ao aspecto absolutamente social de sua prática, em que cientistas discutem conhecimentos e revisam as suas pesquisas, são dois dos fatores que tornam o conhecimento científico válido o suficiente para servir de base para a tomada de decisões[1] sobre uma infinidade

[1] Neste ponto, Feyerabend defenderia que a ciência verdadeiramente democrática abriria espaço para toda a população se sentir representada e ciente das discussões dos cientistas. Portanto, ainda segundo Feyerabend, é dever que a ciência seja acessível à população, que deve conhecer e compreender todas as formas e implicações

de questões que envolvem a vida e o cotidiano das pessoas.

Como vimos no capítulo 1, as definições de ciência e as suas concepções mudaram ao longo do tempo e passaram por visões filosóficas muito distintas entre si, desde as mais fechadas, que procuraram negar — ou, ao menos, diminuir — a importância de sentimentos e de sensações, passando por aquelas que tentaram uniformizar o conhecimento científico e diferi-lo de forma prática de outros tipos de conhecimentos até aqueles que discutem a impossibilidade de um marco característico único da ciência e da importância que sentimentos e motivações possuem dentro do trabalho científico. De todo modo, ter a concepção de uma ciência mais ou menos aberta às "interferências" exteriores é importante inclusive no contexto em que o conhecimento científico começa a ser exposto, primeiro dentro dos círculos da ciência, depois, para além dele (o que discutiremos mais a fundo no próximo capítulo).

Vimos no capítulo anterior que o trabalho científico não é um trabalho de simples observação em ambientes próprios, como laboratórios ou centros de pesquisa. Ele envolve muito mais do que isso, aliás: é necessária uma formação sólida, que, por sua vez, necessita de tempo e de investimento para que os pesquisadores possam se dedicar aos seus projetos da melhor maneira possível. E a dedicação aos projetos de pesquisa não se relaciona apenas com toda a parte prática, como

---

do trabalho científico.

a pesquisa dos referenciais teóricos e a procura pela resposta que norteia o trabalho científico ou a análise dos resultados obtidos ou a proposta teórica que a pesquisa encontrou. Ela também está relacionada com a divulgação, com o diálogo de tudo o que foi produzido em termos de ciência entre outros pesquisadores.

A comunicação é uma forte característica da cultura científica, qualquer que seja a interpretação que o termo possa assumir[2]. Não é apenas no contexto das mídias que a famosa frase de Abelardo Barbosa, o Chacrinha, é válida. "Quem não se comunica se trumbica" é uma definição fortíssima para a necessidade de se comunicar as pesquisas dentro da ciência, de cientista para cientista.

Obviamente, comunicar achados, descobertas, novos conhecimentos e interpretações não é uma coisa nova. Historicamente, a biblioteca de Alexandria, cerca de 700 a.C. já trazia documentos em que os filósofos[3] da época documentavam as suas observações sobre fenômenos naturais[4] e suas

---

[2] Carlos Vogt, importante linguista brasileiro, aponta que o termo "cultura científica" pode assumir diferentes interpretações que se relacionam com o objetivo do termo. Essas interpretações podem variar da cultura da ciência, em que se discutem os aspectos inerentes ao trabalho científico até a cultura pela ciência, com a defesa do conhecimento científico e a transmissão dos conhecimentos da ciência para outros públicos (o que será discutido no capítulo 4).

[3] Apenas por referência, o termo "cientista", como o conhecemos, surgiu em meados do século XIX.

[4] Uma das observações mais famosas documentadas na biblioteca de Alexandria era referente ao comportamento das sombras durante o solstício em Syene, que era

interpretações sobre os acontecimentos da natureza. Contudo, essa não era uma tarefa muito fácil, já que era um trabalho essencialmente artesanal. A imprensa só fora inventada pelo alemão Johannes Gutemberg, em 1430, por isso, escrever era literalmente colocar as ideias, à mão, em um papel e enviá-lo para outros cantos, por correspondência, e aguardar o tempo entre envio e recebimento das cartas. Isso sem levar em conta que poucos eram alfabetizados, principalmente em latim, idioma que cientistas de toda a Europa adotavam para se corresponder com os seus pares no continente e, em alguns casos, fora dele também[5].

Com o advento da imprensa, Galileu Galilei fez história não apenas por ter apontado um telescópio para o céu noturno e ter catalogado coisas até então nunca observadas, como as luas de Júpiter e as manchas solares. Um dos grandes avanços trazidos por Galileu consiste na forma como as suas observações e descobertas eram comunicadas ao mundo: em italiano — e não em latim —, com uma linguagem simples e acessível, além de descrever em detalhes os seus procedimentos e os resultados obtidos, permitindo que qualquer pessoa

---

diferente do comportamento observado em Alexandria. Isso levou Eratóstenes de Cirene a realizar medidas que culminaram na determinação da circunferência da Terra, cerca de 200 a.C.!

[5] Para saber mais sobre as descobertas científicas realizadas, em muitos casos, antes da ciência europeia, recomenda-se fortemente a leitura do livro **Descobertas perdidas**: as raízes antigas da ciência moderna, os babilônios aos maias, escrito por Dick Teresi, publicado no Brasil pela Companhia das Letras.

que tivesse acesso a um telescópio pudesse reproduzir as observações de Galileu e verificar os resultados obtidos de forma independente. Não é por acaso que o italiano é considerado o pai da ciência moderna: a sua forma de comunicação revolucionou o acesso ao conhecimento produzido por cientistas de tal forma que ainda colhemos esse resultado até hoje.

A evolução comunicacional promovida por Galileu e impulsionada pela invenção da imprensa permitiu que saltos consideráveis no conhecimento científico fossem dados. Muito disso ocorreu pelo aumento de trocas de correspondências, de trabalhos e de revisões publicados e trocados entre os cientistas. A necessidade de publicar com maior rapidez e atingir o maior número de cientistas levou ao surgimento do que hoje conhecemos de editoras de periódicos científicos, conglomerados que reúnem milhares de editoras e de revistas especializadas em publicar as pesquisas realizadas por cientistas de todo o mundo. Hoje essas editoras movimentam bilhões de dólares em um negócio altamente lucrativo para... Elas próprias, como veremos mais adiante.

Com a rapidez da transmissão de informações e de pesquisas científicas que a invenção de Gutemberg propiciou (veja, não estamos nem perto de falar sobre *e-mail* e internet aqui!), uma espécie de "incentivo ao reconhecimento" foi disseminada dentro da ciência e efetivamente ganhando força a partir do século XX. A ideia era conseguir a sua relevância pessoal, isto é, ser ouvido e ter as suas ideias discutidas por outros cientistas, a partir da quantidade de artigos publicados. A lógica era simples: quanto mais trabalhos publicados, maior a relevância e, consequentemente, mais vantagens na busca por financiamento de pesquisa e maior o reconhecimento entre os pares. É o *publish or perish* (publique ou pereça, em tradução livre) ganhando força: a sua pesquisa científica necessitava chegar a mais pessoas, cada vez mais rápido.

E como fazer com que a publicação aconteça e chegue a outras pessoas com rapidez? Aqui voltamos aos periódicos científicos. Utilizo o termo "periódico científico" ao invés de "revista científica" para evitar confusões sobre os objetivos de cada publicação, já que é comum que uma revista científica seja vista como sinônimo de revista de divulgação científica (discutiremos a divulgação científica no capítulo 4). Periódicos, em geral, são destinados a publicar artigos científicos de uma área específica do conhecimento e podem ser editados por universidades ou centros de pesquisa ou, o que é mais comum, serem bancados por editoras privadas, que ficam com os lucros da atividade em troca da publicação do trabalho de um ou mais cientistas.

Periódicos sérios sabem de sua responsabilidade com outros cientistas e com o público em geral. Publicar resultados eticamente contestáveis — obtidos, por exemplo, de forma ilegal, como o caso da descrição do fóssil Ubirajara ou sem seguir práticas que visam minimizar erros de interpretação, como os grupos de controle — ou conceitualmente incorretos é um problema seríssimo, principalmente se levarmos em conta o atual estágio de acesso ao conhecimento científico — muito mais aberto do que era há pouco anos — e a credibilidade que o conhecimento científico possui dentro da sociedade. Por isso, os periódicos sérios possuem alguns filtros para que os artigos sejam publicados. O principal filtro é a revisão por pares, em que o artigo proposto passa pela avaliação de dois especialistas vinculados ao periódico e definem se o texto precisa ou não de correções e se atende aos critérios estabelecidos para a publicação. Note: em geral, esse filtro de qualidade está diretamente associado à credibilidade que um periódico possui na comunidade científica. Por isso, o fato de um artigo brasileiro ser publicado em periódicos como a *Science* ou a *Nature* vira notícia: milhares de cientistas desejam publicar em periódicos como eles, muito em virtude da possibilidade de visibilidade de seus trabalhos — e, claro, da importância que cada pesquisa traz em si mesma.

Além dos obstáculos inerentes à produção de um artigo cientifico (desde o embasamento teórico, isto é, o corpo de conhecimentos que um cientista utiliza em sua pesquisa até a conclusão apresentada em seu artigo), há os obstáculos para publicá-lo. Entenda que o obstáculo aqui pode atender a diversos objetivos, desde promover a qualidade do que será efetivamente publicado (um periódico pode adotar critérios específicos, desde a formatação até o objeto de estudo) até servir como meio de exclusividade na divulgação de conhecimentos (como o caso de periódicos que aceitam apenas artigos produzidos por pessoas com título de doutorado em uma área) e nem sempre os obstáculos são condenáveis por si só.

Em todo caso, a publicação de artigos científicos nos principais periódicos do mundo segue mais ou menos o mesmo trâmite: após ser escolhido pelos cientistas que escreveram o texto, cientistas devem recolher uma "taxa de submissão", que varia de alguns até milhares de reais (ou de dólares, como no caso de periódicos internacionais) e, após passar pelo processo de revisão por pares, pode ou não ser aceito. Após o aceite final para a publicação, os autores podem ter de pagar uma taxa de publicação para que efetivamente o texto seja disponibilizado pelo periódico. Em muitos casos, há uma terceira taxa, essa a ser paga por cada pessoa interessada em ler o artigo produzido: a compra do artigo custa dezenas de dólares e nenhum centavo volta para os autores da pesquisa. Voltaremos a esse tema mais adiante.

Claro que esse sistema de filtro não é imune às falhas (como nenhuma atividade humana é imune às falhas e aos erros, lembre-se disso). A revisão por pares pode falhar em algum sentido e esses erros nem sempre são intencionais, claro. Em certas circunstâncias, a falha não está no sistema de revisão em si, mas nos dados disponibilizados pelo pesquisador quando submete o seu trabalho para publicação. Práticas como o plágio, que consiste em reproduzir imagens ou textos sem dar os devidos créditos para os seus autores, ou ainda a ciência picareta, que é aquele tipo de prática científica que deturpa os resultados para atender aos interesses de terceiros, podem passar pelo filtro da revisão por pares. Contudo, esses trabalhos — como todos os artigos científicos publicados em periódicos minimamente sérios — podem sofrer o processo que é chamado de "retratação". A retratação consiste na retirada do artigo de um periódico quando o texto e seus autores infringem alguma regra da publicação (em geral, todas colocam como regra inegociável a ausência de plágio e a correção ética da pesquisa apresentada no artigo).

A retratação é uma punição grave dentro do contexto do conhecimento científico. Ter um artigo retratado é uma mancha na carreira de um cientista, especialmente quando a retratação acontece pelos motivos descritos anteriormente.

Com a crescente pressão por publicação de artigos científicos, cientistas podem recorrer a periódicos que são chamados de "periódicos predatórios". Esse tipo de publicação não tem revisões por pares (ou elas são inadequadas o suficiente para aprovar qualquer tipo de trabalho) e, em geral, procura os cientistas e pesquisadores para terem o seu trabalho publicado por eles (em geral, o processo é inverso: é o cientista quem procura o periódico solicitando que o seu artigo seja analisado e publicado). Os motivos que levam a essa prática convergem para duas causas: a já citada pressão por publicação por parte de cientistas e a busca pelo lucro que editoras têm com este tipo de trabalho. Os conglomerados que reúnem os periódicos científicos movimentam bilhões de dólares todos os anos com as taxas de submissão (o cientista paga para ter o artigo avaliado pelo corpo editorial do periódico), de publicação e de leitura (depois de aprovado e disponibilizado ao público, a leitura do artigo pode custar algumas dezenas de dólares para quem deseja o acesso a um único arquivo e nenhum centavo disso é repassado aos autores).

Foi nesse contexto que, em 2017, o Sci-Hub ganhou a notoriedade e o sucesso que possui até hoje. Criado pela cazaque Alexandra Elbakyan, o *site* libera gratuitamente o acesso a milhões de artigos que só estariam disponíveis após o pagamento. O sucesso do Sci-Hub deu origem a uma batalha legal travada entre a criadora do *site* e as editoras científicas, que a acusam de pirataria[6]. Mas essa é uma discussão ética interessante: as pesquisas, em geral, são financiadas com dinheiro público. Então por que os seus resultados ficam restritos a quem pode pagar para acessá-los? Se o desenvolvimento da ciência depende da troca de conhecimentos entre cientistas,

---

[6] Para saber mais sobre as disputas que envolvem o Sci-Hub, acesse: https://link.ccult.org/scihub1.

como garantir igualdade de condições de acesso se para cada artigo for necessário desembolsar algumas dezenas de dólares que quase nunca retornam para os autores da pesquisa? Essas são questões que estão longe de serem irrelevantes para cientistas e para quem não é cientista: estamos falando de dinheiro público e de desenvolvimento econômico e social que ajuda a desenvolver um país. Até que ponto é correto cercear o direito de todos em ter contato com ele?

Nesse sentido, surgiu o movimento de acesso aberto (ou *open acess*), cuja premissa é a de publicação e acesso gratuitos a artigos ou outros materiais vinculados à pesquisa científica. Diversos países incentivam e até determinam a adoção do acesso aberto de artigos científicos que resultem em pesquisas financiadas total ou parcialmente com dinheiro público. No Brasil e na América Latina como um todo, o acesso aberto é uma tendência há muitos anos com casos de grande sucesso, como a Biblioteca Eletrônica Científica Online, a SciELO, lançada em 1997, responsável pela publicação de artigos científicos e livros sobre temas de ciência de acesso gratuito e ilimitado por qualquer pessoa, com qualidade editorial e científica.

Além de divulgar o resultado de suas pesquisas em artigos científicos, cientistas podem recorrer a atividades presenciais ou remotas que reúnem especialistas de uma determinada área para discutir temas de interesse ou para apresentar as últimas pesquisas sobre determinado assunto. Esses encontros são fundamentais por dois pontos: primeiro por permitir a troca de conhecimentos sobre pesquisas, encurtando caminhos para o estabelecimento de relações que, em segundo lugar, gerarão parcerias e o tão famoso *networking*; depois, por permitir uma revisão *in loco* de pesquisas em desenvolvimento, com possíveis correções ou sugestões de análise antes que o artigo científico seja submetido para a publicação. Congressos e simpósios têm essas premissas, embora seminários e encontros também possam ter esses mesmos objetivos no contexto cultural da ciência.

Por isso, quando você souber da existência de uma reunião de cientistas, saiba que eles não estão ali apenas pelo café: muito do que se desenvolve em termos de conhecimento científico acontece em reuniões deste tipo.

Capítulo 4

Os diálogos entre a ciência e a sociedade

Vimos que além de ser uma construção socializada, o trabalho científico também é uma tarefa de comunicação. Inicialmente, esta comunicação ocorre entre cientistas de uma mesma área e se amplia gradualmente para outras áreas da ciência até que é conhecida *fora* do ambiente acadêmico, ou seja, a pesquisa agora passa a ser de conhecimento de pessoas que não exercem o contato diário com a ciência.

O interesse pela ciência por pessoas que não são cientistas é medido há anos em pesquisas de percepção pública da ciência e da tecnologia promovidas por diversos institutos em todo o mundo. A medida do interesse em ciência (e na confiança da população nos cientistas) é um parâmetro importante para entender não apenas como a ciência é recebida pela sociedade, mas também como a sociedade utiliza este tipo de conhecimento nas mais diversas soluções.

Uma das mais importantes pesquisas de percepção pública da ciência realizadas no Brasil é organizada pelo CGEE — Centro de Gestão e Estudos Estratégicos, órgão ligado ao

Ministério da Ciência e da Tecnologia. O estudo trouxe, entre outros resultados[1], que 62% da população brasileira estão interessadas ou muito interessadas em assuntos de ciência e de tecnologia. É um valor considerável, ainda mais se levarmos em conta os resultados em avaliações educacionais internacionais ou o investimento em ciência, tecnologia e inovação que o Brasil teve ao longo dos últimos anos.

Portanto, há o interesse entre a população em assuntos sobre ciência e tecnologia. Mas além do interesse, há outro aspecto que faz com que o conhecimento científico seja discutido e rediscutido nos mais diversos meios: a sua importância para a sociedade. Como o filósofo belga Gerárd Fourez já apontara ainda na década de 1990, vivemos em uma sociedade *tecnonatural*, em que ciência e tecnologia são indissociáveis dos valores e práticas de nosso cotidiano. O conhecimento científico, ao menos em tese, é utilizado como parâmetro para diversas tomadas de decisão, desde decisões pessoais (levar ou não o guarda-chuva, comprar ou não determinado produto, calcular os juros de um empréstimo bancário) até a proposição de políticas públicas (estas, claro, nem sempre seguem estritamente os consensos estabelecidos pelos cientistas).

E se o conhecimento científico é relevante a ponto de servir, ao menos em tese, de base para a tomada de decisões

---

[1] Você pode navegar pelos resultados da pesquisa pelo *site*: https://www.cgee.org.br/web/percepcao/home.

cotidianas, é também importante conhecer como é este desenvolvimento. Este ainda é um ponto que é falho na discussão sobre ciência: muito se discute a respeito dos resultados, das tecnologias desenvolvidas, das descobertas, mas pouco se comenta **como** todo esse processo acontece. A ciência, então, é vista apenas a partir dos resultados que consegue gerar — o que reforça as concepções discutidas no começo do capítulo 2 e o utilitarismo ao qual me referi na introdução, além de trazer a situação paradoxal descrita na célebre palestra "Qual é e qual deveria ser o papel da cultura científica na sociedade moderna"[2], ministrada pelo físico norte-americano Richard Philips Feynman na década de 1960: a irrelevância do fazer, da prática científica para o cidadão médio[3].

Como todos nós deveríamos saber, a ciência é relevante nos contextos que permeiam as nossas vidas, as nossas decisões e até a forma como interagimos com outras pessoas. Além dos motivos já citados, compreender como se dá o desenvolvimento científico permite a efetiva participação da população na tomada de decisões a respeito de seu presente e de seu futuro. Essa não deveria ser uma concepção nova, afinal, movimentos como o CTS — Ciência, Tecnologia e Sociedade

---

[2] A transcrição desta palestra, na íntegra, está disponível no livro: **Os melhores textos de Richard P. Feynman**, pulicado pela editora Blucher, em 2015.

[3] Essa irrelevância, de acordo com Feynman, faria com que as pessoas se sentissem surpresas com avanços científicos, mas não questionassem como ele ocorreu ou quais as esferas de influência que esses avanços trariam para as suas vidas.

— surgiram nos anos 1960 para justamente tentar aproximar a população das discussões e das decisões sobre ciência.

Por isso todo o esforço de professores, jornalistas e divulgadores científicos é necessário e precisa ser valorizado. Em muitos casos, divulgar a ciência, os conhecimentos científicos e os seus personagens acaba sendo uma atividade solitária e totalmente voluntária, sem remuneração ou qualquer tipo de ganho social ou profissional.

São esses profissionais que farão uma espécie de transposição do que foi discutido pelos cientistas e apresentado nos artigos científicos para o público ao qual se dirigem, contextualizando o assunto e ligando-o a outras implicações. E o público específico importa: divulgar ciências para crianças é muito diferente de divulgar as ciências para adultos com pós-graduação. A diferença essencial? A linguagem. Conseguir adequá-la sem perder a essência e a correção do que foi trazido nos artigos científicos é um desafio enorme, sobretudo quando se usam mídias como *blogs* ou mídias sociais de vídeos curtos, como o *TikTok*.

Assim, o divulgador científico tem um trabalho fundamental para que cada vez mais pessoas tenham acesso ao conhecimento científico. A ciência não deveria ser uma atividade inacessível, exclusiva aos poucos que conseguem chegar a uma espécie de Cristália[4]. Mas para que o conhecimento científico

[4] Fica a dica de leitura do livro: **O jogo das contas de vidro**, de Hermann Hesse.

não seja de acesso exclusivo, necessitamos do trabalho destas pessoas que dedicam as suas vidas para apresentar e discutir o conhecimento científico em diversos espaços, especialmente os espaços não formais de educação.

Cito os espaços não formais de educação, pois existe uma diferenciação importantíssima que deve ser feita entre divulgação científica e o ensino de ciências: a divulgação da ciência não é ensinar ciência ou os seus conhecimentos. Em outras palavras: é preciso deixar claro que a atividade de divulgação científica não tem como propósito a educação formal ou especializada em determinado tema. Divulgadores científicos não substituem professores e vice-versa. Faço essa distinção neste momento porque ela é importante o suficiente para deixá-la ao esquecimento. Os pressupostos educacionais são diferentes dos pressupostos da divulgação científica, embora compartilhem muitas percepções e alguns objetivos.

O alcance da divulgação científica é um objeto interessante de estudo dentro da ciência. Audiência, curtidas, compartilhamentos, citações. Definir um único parâmetro para medir o alcance — e, ainda mais, a profundidade — que a divulgação do conhecimento científico acaba tendo dentro do espectro social não é simples, mas, ainda assim, é necessário. Critérios como o tempo de existência podem apontar

---

Na obra, o autor alemão narra a história de José Servo e de uma sociedade de intelectuais.

caminhos neste sentido. A *Scientific American* é uma revista de divulgação científica com mais de um século de existência. A revista *Ciência Hoje* e a revista *Ciência Hoje das Crianças* (também chamada de CHC), ambas nascidas da iniciativa de cientistas do CNPq, que criaram as revistas que atualmente são mantidas pelo Instituto Ciência Hoje.

Capítulo 5

Como acompanhar o trabalho de cientistas?

Uma analogia muito feliz que tenta associar a obtenção de conhecimentos e de informações com o advento da internet pode ser contada da seguinte forma: imagine um hidrante, daqueles que são utilizados pelo corpo de bombeiros em incêndios. Agora, imagine que você é uma pessoa com muita, muita sede e, de alguma forma, tem todas as ferramentas e acessos para abrir este hidrante e beber a água que sair dele. Dificilmente você conseguirá sair, nessa situação hipotética, realmente hidratado. Certamente estará enxarcado, talvez com um ou outro ferimento provocado pela pressão da água sobre você, mas, ainda assim, com sede. Buscar conhecimento na era da informação tem mais ou menos o mesmo sentido: você fica encharcado de informação, mas o conteúdo que importa — neste caso, o conhecimento — não é realmente adquirido por você.

Ter isso em mente é importante para poder se guiar corretamente quando o assunto é a busca de informações na internet. Não que buscadores famosos não consigam ser exatos nas buscas que realizamos através de seus algoritmos. A questão mesmo é saber onde obter fontes primárias, diretamente relacionadas com a produção acadêmica ou com a divulgação da ciência produzida por cientistas ou por grupos ligados a cientistas. Aqui estarão listados pontos de partida, isto é, locais por onde você pode começar a encontrar, ler e até interagir com cientistas na internet. No próximo capítulo, as indicações serão um pouco mais abrangentes e complementam esta lista.

Inicialmente, você pode recorrer à busca por hashtags. Como você sabe, hashtags são elementos poderosos, pois conseguem, ao mesmo tempo, demarcar os assuntos de uma postagem e nos trazer a dimensão do número de perfis e de suas interações relacionadas com os assuntos tratados em redes sociais. No Brasil, algumas hashtags são tradicionais em demarcar conteúdo científico. A **#twitciencia** representa a primeira delas e ainda é utilizada, especialmente no Twitter, para demarcar assuntos relacionados com o conhecimento científico. Para os fãs de astronomia e cosmologia, há as hashtags **#AstroThreadBR** e **#AstroMiniBr**, que reúne textos, vídeos e imagens produzidos por pesquisadores e divulgadores da ciência na área.

Alternativamente, você pode ter um panorama das discussões sobre ciência realizadas no Twitter e em outras redes sociais utilizando o Science Pulse[1], uma iniciativa internacional de jornalistas que coleta interações, *posts* e engajamento de perfis selecionados e os apresenta em uma página dinâmica e completamente acessível em qualquer dispositivo. O Science Pulse é uma ferramenta interessante, sobretudo para ter acesso quase em tempo real à opinião e explicações de cientistas e pesquisadores sobre temas que estão em discussão nas redes sociais.

E por falar em redes sociais, você pode conhecer o trabalho e as discussões sobre ciência em uma plataforma equivalente ao "Facebook dos cientistas". Trata-se do ResearchGate[2], um *site* dedicado a servir como ponte para a rede de contatos entre cientistas de todo o mundo. Lá, além de conseguir acessar as últimas pesquisas, é possível contatar cientistas e obter referências e informações sobre pesquisas científicas em andamento. Quase todo o *site* está em inglês (o inglês é o idioma geral utilizado na ciência), mas o tradutor automático ajuda — e muito — na navegação em todo o *site*.

Outras fontes de informações sobre a produção de cientistas e de institutos de pesquisa podem ser obtidas dire-

---

[1] Você pode acessar o Science Pulse pelo link: https://nucleo.jor.br/ppbr/.

[2] Disponível gratuitamente em: https://www.researchgate.net/.

tamente nas plataformas mantidas pelo governo brasileiro. A primeira delas é a plataforma Sucupira[3], que reúne dados e informações sobre cursos, periódicos e a produção científica nacional. A segunda — e talvez mais conhecida — é a plataforma Lattes[4]. Batizada em homenagem a César Lattes, um dos maiores cientistas brasileiros de todos os tempos, a plataforma reúne informações acadêmicas de cientistas e de pesquisadores de todo o Brasil. Nela é possível verificar desde a autenticidade de trabalhos publicados até a atuação do profissional. É uma espécie de *curriculum vitae* de cientistas brasileiros. O acesso ao ambiente das plataformas Sucupira e Lattes é totalmente gratuito.

Por fim, vale a pena conferir as páginas das universidades e dos centros de pesquisa brasileiros. Lá, a produção acadêmica é divulgada e atualizada constantemente. E se você não conhece nenhuma instituição de pesquisa no Brasil ou nem sabe por onde começar, fica a dica: a Wikipédia[5] é um bom ponto de partida para a sua pesquisa!

---

[3] Disponível em: https://sucupira.capes.gov.br/sucupira/.

[4] Acesse em: https://lattes.cnpq.br/.

[5] O artigo na Wikipédia específico para as instituições brasileiras pode ser acessado em: https://link.ccult.org/WDJVCBP.

Capítulo 6

O fim da jornada

Nos últimos capítulos, discutimos alguns aspectos importantes a respeito da própria definição de ciência, do trabalho de cientistas e como este trabalho pode ser percebido na sociedade. Espero fortemente que todas as discussões apontadas aqui sirvam de ponto de partida para que você possa trilhar o caminho de aprendizado sobre a ciência, desde as suas práticas até as influências em nossa sociedade.

Tal qual o conhecimento científico, este pequeno livro jamais poderia servir de pretensão de ser um tratado sobre a ciência. O próprio conhecimento científico não é fechado em si mesmo, isto é, não se encerra com a publicação de qualquer trabalho, artigo ou tese; pelo contrário, estes são pontos de partida para a jornada de conhecimentos que delineiam o conhecimento científico.

Como vimos no capítulo 2, o trabalho científico é repleto de detalhes, nuances, que o caracterizam e que nem sempre conhecemos a fundo cada um desses itens que compõem uma pesquisa científica. Desde a elaboração, busca por financiamento e execução de um projeto de pesquisa, cientistas lidam com uma enorme quantidade de burocracias e pressões a respeito de prazos e de produtividade, entre outras situações que vão além do mero aborrecimento. Então, compreender as práticas dos cientistas é poder fazer uma defesa racional do conhecimento científico em seu sentido mais amplo: não apenas da sua importância, mas principalmente da necessidade de financiá-lo, mesmo que os seus resultados não sejam aplicáveis em um primeiro momento. Nós necessitamos do conhecimento científico como auxílio para a resolução de questões sociais, econômicas e tecnológicas. É justo que a sua importância seja devidamente reconhecida, acima de um discurso de incentivo que pode soar vazio justamente por ser mera repetição de concepções de senso comum.

Em sequência, no capítulo 3, vimos como o trabalho científico sai de seus centros de produção e chega à sociedade em geral. Como discutido, diversos atores participam deste movimento e dei ênfase à divulgação científica por dois motivos: ela é uma produção democrática de conhecimento e com responsabilidades que tangem uma série de segmentos que também se relacionam com a divulgação do conhecimento científico — como os jornalistas e professores. Contudo, dentre todas as atividades que divulgam ciência, os profissionais da divulgação científica ainda padecem da absoluta falta de apoio, de remuneração e de reconhecimento em sua atividade (salvo, claro, raras e felizes exceções).

Após chegar ao conhecimento do público em geral, vimos que o conhecimento científico tem a sua "interferência" no cotidiano, muitas vezes em situações que não percebemos. Além disso, vimos que o interesse do brasileiro a respeito da ciência é grande e esse é um fator que precisa ser levado em conta quando pensamos em discutir o conhecimento científico com a sociedade.

Por fim, vimos possibilidade de se acompanhar diretamente o trabalho de cientistas e de pesquisadores através das redes sociais ou de plataformas voltadas à discussão entre cientistas e pesquisadores. Além de gratuitas, essas são ferramentas muito interessantes para acompanhar os debates acerca do conhecimento científico e de temas de ciência que ganham relevância no debate público — e que, em geral, tem os argumentos pautados em má ciência, deturpação do conhecimento científico ou mentiras para confundir o público em nome de diversos interesses nem sempre honestos.

Espero que este pequeno livro tenha sido uma boa leitura para você. Mais do que isso: que ele possa ter levantado questões e movimentado, ao menos, uma busca sobre algum tema relacionado com o conhecimento científico discutido aqui. Se você preferir, pode recorrer às fontes recomendadas a seguir, que discutem diversos aspectos do conhecimento científico e suas implicações para a sociedade, tais como:

- *Blogs* Unicamp – trata-se de uma rede de mais de uma centena de *blogs*, mantidos pela Universidade Estadual de Campinas. Uma excelente fonte de informação sobre ciência: https://www.blogs.unicamp.br;
- Ccult.org – projeto tocado por este que vos escreve, o ccult.org é um espaço de discussões sobre a cultura científica e ensino de ciências, no ar desde 2019: https://ccult.org;
- Science Vlogs Brasil – plataforma que reúne criadores de conteúdo certificados em termas de ciência e tecnologia: https://sciencevlogsbrasil.com.br.

"Diante da ciência, não devemos ostentar nem um ceticismo desconfiado, nem uma fé cega, e sim, uma admiração profunda e confiança razoável."

Gilles-Gaston Granger (1920-2016)

Referências

ALLCHIN, D. Evaluating Knowledge of the Nature of (Whole) Science. **Science Education**, Sem Local, v. 1, n. 95, p. 918-942, mar./2011. Disponível em: http://douglasallchin.net/papers/EvaluatingKNOWS.pdf. Acesso em: 12 jan. 2018.

______ Pseudohistory and Pseudoscience. **Science and Education**, v. 1, n. 13, p. 179-195, jan. 2004.

ALVES, R. O que é científico? *In*: ALVES, Rubem. **O que é científico?** 2. ed. São Paulo: Loyola, 2009. Cap. 1. p. 11-18

AULER, D.; DELIZOICOV, D. Alfabetização científico-tecnológica para quê? **Ensaio Pesquisa em Educação e Ciências**, v. 3, n. 2, p. 105-16, 2001.

BACHELARD, G. **A filosofia do não:** filosofia do novo espírito científico. Tradução de Joaquim José Moura Ramos. 6. ed. Lisboa: Editorial Presença, 2009. 125 p.

______. **A formação do espírito científico.** Tradução de: Estela dos Santos Abreu. Rio de Janeiro: Contraponto, 2002. 316 p.

BUENO, C. **Divulgação científica:** produzindo notícia, produzindo ciência. Campinas: Saraiva, 2013.

CHALMERS, A. F. **O que é ciência afinal?** São Paulo: Brasiliense, 1993. 225 p.

DEMO, P. **Educação e alfabetização científica**. 1. ed. São Paulo: Papirus, 2014.

ECO, U. **Como se faz uma tese.** 26. ed. São Paulo: Perspectiva, 2016.

FEYNMAN, R. P. **Os melhores textos de Richard P. Feynman.** Tradução de: Jeffrey Robbins. São Paulo: Blucher, 2015. 290 p.

GIL-PEREZ, D. *et al.* Para uma imagem não deformada do trabalho científico. **Ciência & Educação**, v. 7, n. 2, p.125-153, 2001. Disponível em: http://www.scielo.br/pdf/ciedu/v7n2/01.pdf. Acesso em: 6 fev. 2018.

GODIN, Y.; GINGRAS, B. What is scientific and technological culture and how is it measured? A multidimensional model. **Public Understand. Sci.**, Reino Unido, v. 9, n. 1, p. 43-58, jan./2000. Disponível em: https://archipel.uqam.ca/491/1/Sci_cult_Pub_Und_sc.PDF. Acesso em: 12 nov. 2007.

GOLDACRE, Ben. **Ciência picareta.** Tradução de Renato Rezende. Rio de Janeiro: Civilização Brasileira, 2013. 378 p.

LARAIA, R. B. **Cultura:** um conceito antropológico. 28ª reimpressão. Rio de Janeiro: Zahar, 2017.

LATOUR, B. **Ciência em ação:** como seguir cientistas e engenheiros sociedade afora. 2. ed. São Paulo: Editora Unesp, 2011. 460 p.

LORDÊLO, F. S; PORTO, C. M. Divulgação científica e cultura científica: conceito e aplicabilidade. **Revista Ciência em Extensão,** Bauru, v. 1, n. 8, p.18-34, 2012.

POMBO, O. **Apontamentos sobre o conceito de epistemologia e o enquadramento categorial da diversidade de concepções de ciência.** 1998. Disponível em: http://webpages.fc.ul.pt/~ommartins/investigacao/cat_epist.htm. Acesso em: 20 mar. 2018.

SABER CIÊNCIA. **O que é a ciência?** Disponível em: https://saberciencia.tecnico.ulisboa.pt/artigos/o-que-e-a-ciencia-01.php. Acesso em: 5 fev. 2018.

VOGT, C. **A espiral da cultura científica.** São Paulo: Fapesp, 2005. 33 p.

______. (org.). **Cultura científica:** desafios. São Paulo: Edusp, 2006. 321 p.

ZAMBONI, L. M. S. **Cientistas, jornalistas e a divulgação científica**: subjetividade e heterogeneidade no discurso da divulgação científica. Campinas: Autores Associados, 2001. 167 p.

Anotações

Impressão e acabamento
Gráfica da Editora Ciência Moderna Ltda.
Tel: (21) 2201-6662